Wo liegt Deutschland?

1. Schließe die Satzlücke: Deutschland ist zwar ein bedeutendes Land, aber nur eine kleine Fläche auf dem großen Planeten E _ _ _ _ .

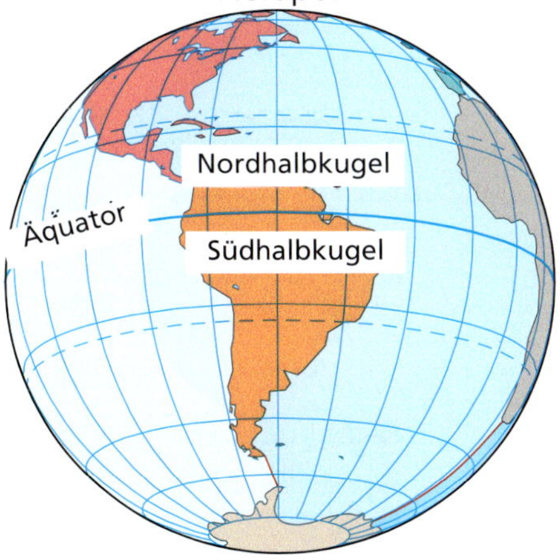

2. Bestimme die Kontinente

3. Bestimme die Ozeane

4. Ergänze die Textlücken: Deutschland liegt auf der N _ _ _ _ _ _ _ _ _ _ _ _ der E _ _ _ . Es ist ein Teil des Kontinents E _ _ _ _ _ . Wenn du die Entfernungen Deutschlands zu den anderen Teilen vergleichst, stellst du fest: Deutschland l _ _ _ t genau in der M _ t _ _ von E _ _ _ _ _ .

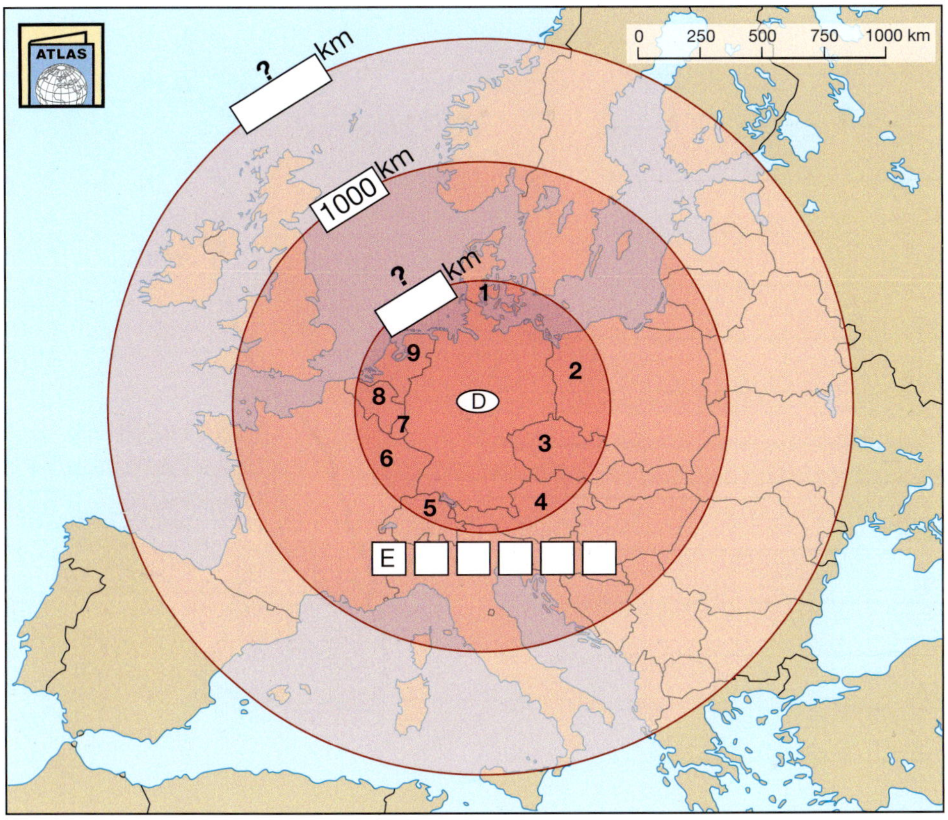

5. Wie heißen die Staaten 1 – 9? Ergänze auch die fehlenden Zahlen und den Namen in der Karte.

D	
1	
2	
3	
4	
5	
6	
7	
8	
9	

4 Landschaften, Flüsse und Städte . . .

Ob Badeferien an der Meeresküste, Erholung auf der Insel, Sport und Spaß am See, Wandern im Bergland oder Klettern im Gebirge – Deutschland ist ein vielseitiges Urlaubsland. Von Norden nach Süden ist unser Land in verschiedene Landschaften gegliedert. Viele Flüsse laden Urlauber zu einer Dampferfahrt ein. Und auch die Städte sind interessante Urlaubsziele.

1. Benenne alle in der Karte eingezeichneten Gebirge, Städte, Meere, Seen, Inseln, Flüsse und Kanäle.

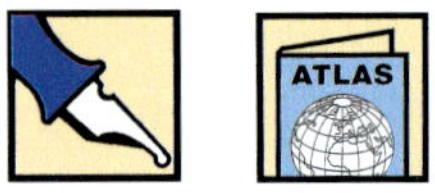

1 ____________________
2 ____________________
3 ____________________
4 ____________________
5 ____________________
6 ____________________
7 ____________________
8 ____________________
9 ____________________
10 ____________________
11 ____________________
12 ____________________
13 ____________________
14 ____________________
15 ____________________
16 ____________________
17 ____________________
18 ____________________

2. Prüfe nach, ob die Städte im Tiefland, im Bereich der Mittelgebirge oder im Alpenvorland liegen. Ordne jeder Stadt die Kennfarbe der Landschaft zu (siehe Beispiel Sch.).

Sch. *Schwerin* ○
R. ____________________ ○
Han. ____________________ ○
Bra. ____________________ ○
Mag. ____________________ ○
P. ____________________ ○
B. ____________________ ○
Du. ____________________ ○
E. ____________________ ○
Do. ____________________ ○
Dü. ____________________ ○
K. ____________________ ○
Bo. ____________________ ○
Ka. ____________________ ○
Ha. ____________________ ○
L. ____________________ ○
D. ____________________ ○
Er. ____________________ ○
W. ____________________ ○
Ma. ____________________ ○
F. ____________________ ○
Sa. ____________________ ○
Man. ____________________ ○
N. ____________________ ○
S. ____________________ ○
M. ____________________ ○
C. ____________________ ○
Ch. ____________________ ○

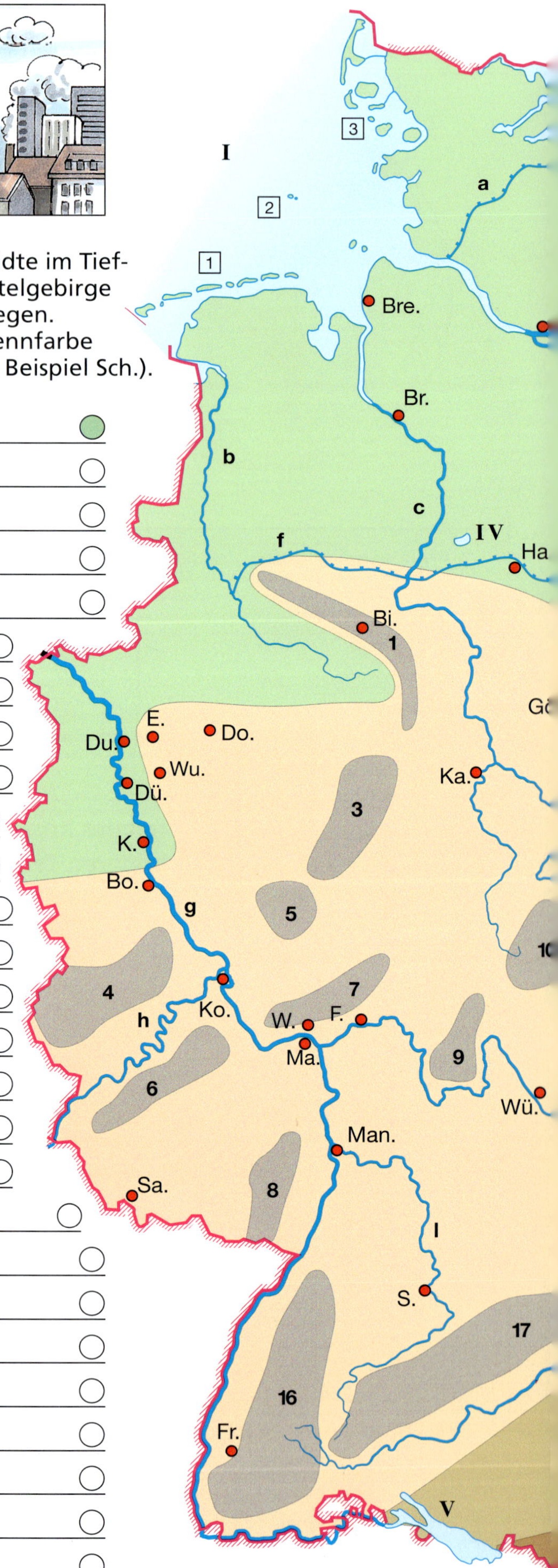

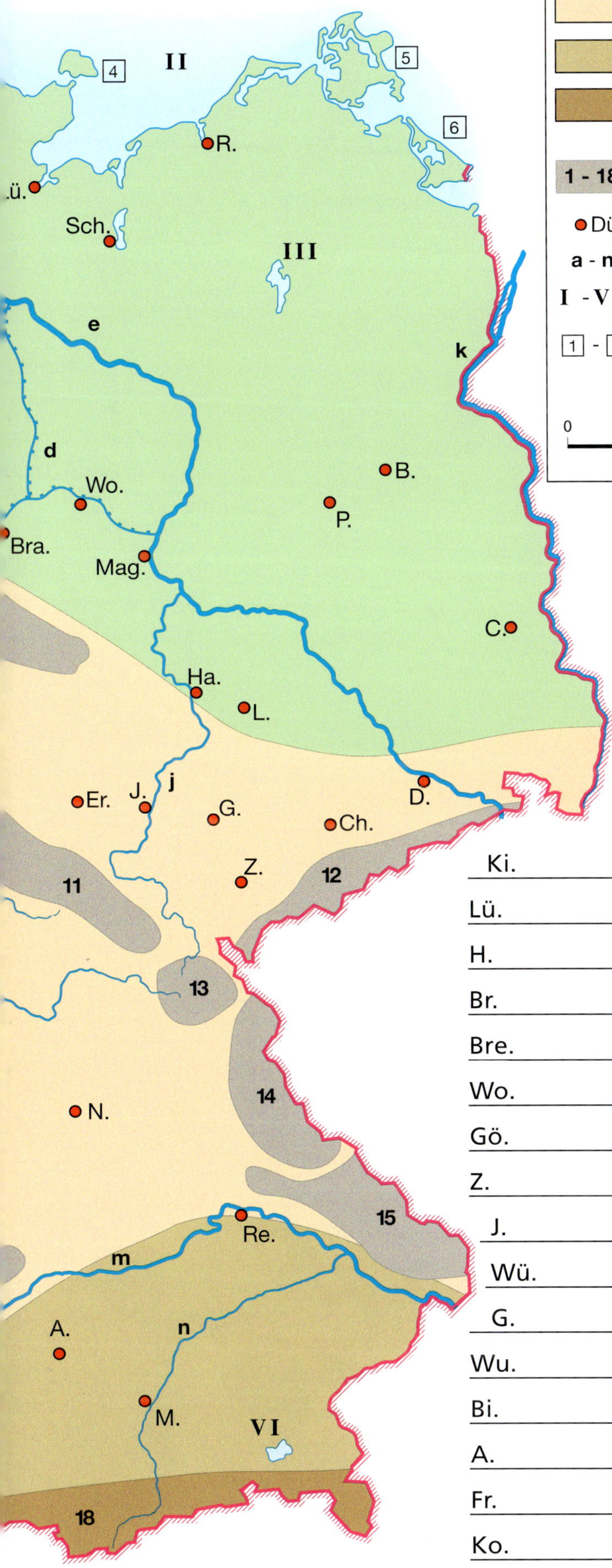

	Norddeutsches Tiefland
	Bereich der Mittelgebirge
	Alpenvorland
	Hochgebirge (Alpen)
1 - 18	Mittelgebirge
● Dü.	Stadt
a - n	Flüsse/Kanäle
I - VI	Meere/Seen
1 - 6	Inseln/ Inselgruppen

0 50 100 km

I ______
II ______
III ______
IV ______
V ______
VI ______
1 ______
2 ______
3 ______
4 ______
5 ______
6 ______

Ki. ______ ○
Lü. ______ ○
H. ______ ○
Br. ______ ○
Bre. ______ ○
Wo. ______ ○
Gö. ______ ○
Z. ______ ○
J. ______ ○
Wü. ______ ○
G. ______ ○
Wu. ______ ○
Bi. ______ ○
A. ______ ○
Fr. ______ ○
Ko. ______ ○
Re. ______ ○

a ______
b ______
c ______
d ______
e ______
f ______
g ______
h ______
i ______
j ______
k ______
l ______
m ______
n ______

6 Im Norden Deutschlands

*Ausdruck für die stürmische Nordsee

1. Diese Bilder aus Norddeutschland zeigen sieben bekannte Landschaften und einen Höhenzug. Ihre Lage findest du in der Karte. Trage in jeden Bildtext die richtige Landschaft ein (Achte auf die Farben der Bildrahmen und in der Karte).

ATLAS

2. Weitere 16 Namen von Landschaften und Höhenzügen gehören zu den Buchstaben A bis P. Trage sie in die Tabelle ein.

A ____________	I ____________
B ____________	J ____________
C ____________	K ____________
D ____________	L ____________
E ____________	M ____________
F ____________	N ____________
G ____________	O ____________
H ____________	P ____________

8 In der Mitte Deutschlands

Ü = UE
Ä = AE
Ö = OE

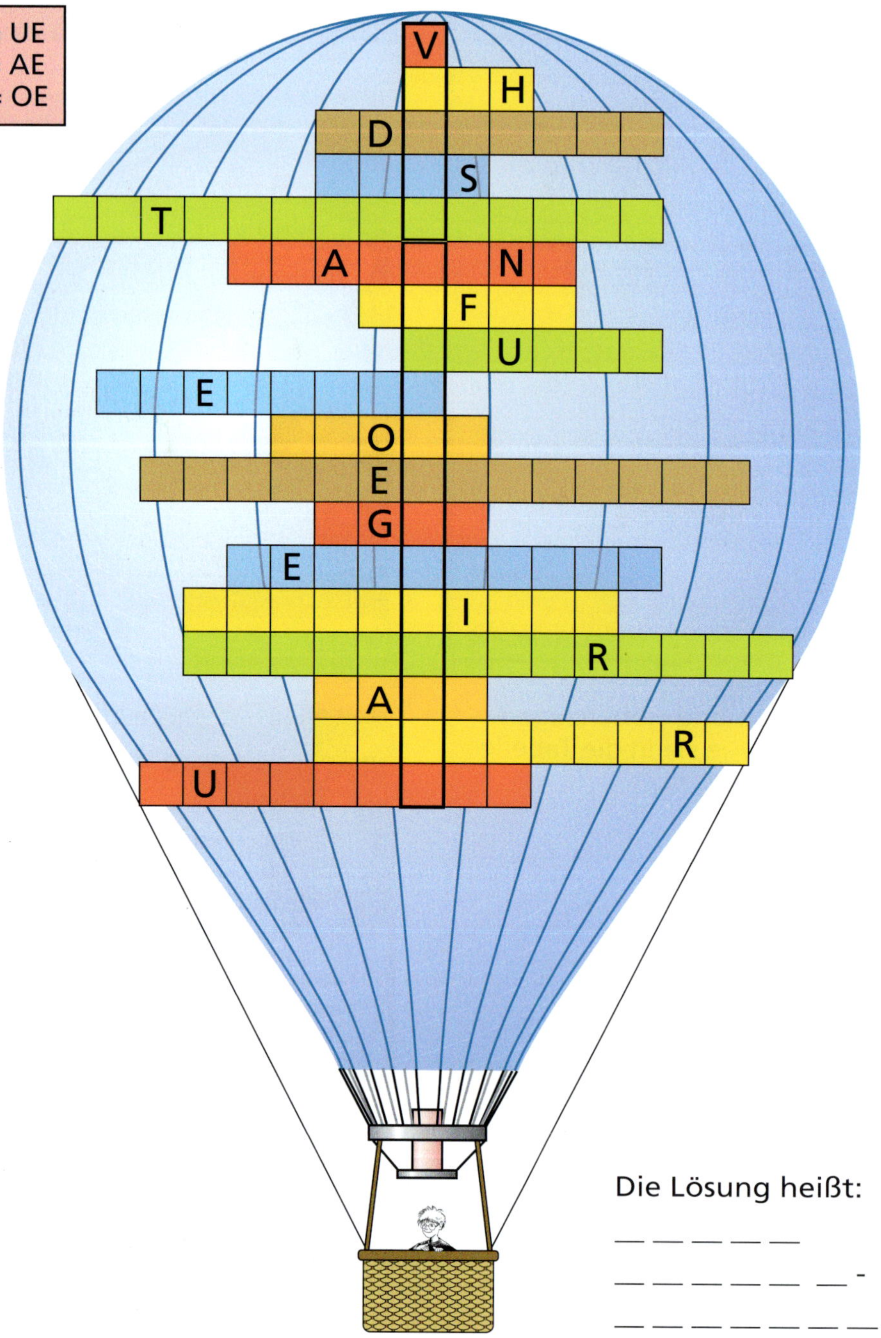

1. Bestimme mithilfe der Farbflächen in der Karte die Namen der Berglandschaften der Ballonfahrt. Trage sie in die farblich passenden Kästchen des Rätsels links ein.

2. Löse das Ballonrätsel:
Die markierten Buchstabenfelder ergeben senkrecht von oben nach unten zwei Lösungswörter. Sie nennen ein wichtiges Kennzeichen der Landschaftsgestalt von Deutschland.

Die Lösung heißt:

_ _ _ _ _ _

_ _ _ _ _ _ _ -

_ _ _ _ _ _ _ _

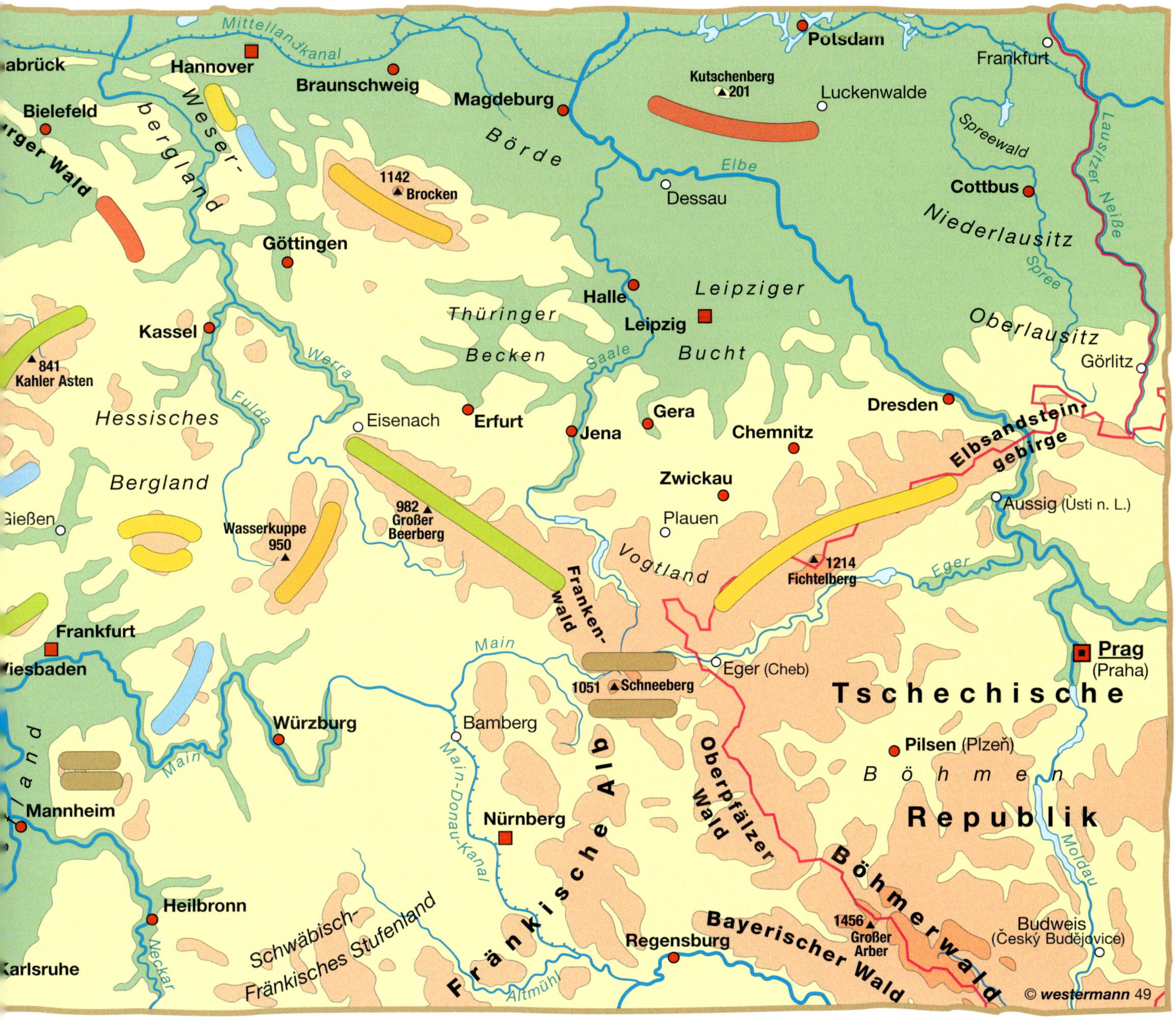

3. Berge und Höhen gehören zusammen. Suche die Berge im Atlas und stelle mit einer Linie (siehe Beispiel) die Verbindungen zu den richtigen Berghöhen her.

Hohe Berge ▲

Staffelberg 1142 m Erbeskopf Kahler Asten

818 m 626 m Kyffhäuser 539 m 747 m 754 m

468 m Fuchskauten

879 m Fichtelberg 950 m Katzenbuckel Meißner

585 m

Brocken 795 m

656 m Großer Feldberg Ebbe

1214 m Donnersberg 686 m 477 m Kalmit 663 m

1051 m Döbraberg

Velmerstot Geiersberg Hohe Acht 673 m Schneeberg 841 m Wasserkuppe

10 Im Süden Deutschlands

„Ski und Rodel gut“, diesmal im Süden von Deutschland. Toppi testet, wie schneesicher die zahlreichen Wintersportgebiete der höchsten Mittelgebirge Deutschlands und die Skihänge im Bereich der Alpen sind. An diesem Hochgebirge hat Deutschland an seiner südliche Grenze einen kleinen Anteil.

1. Snowboarder Toppi hat fünf Gebiete im Süden Deutschlands besucht. Trage nach den Farben in der Karte ihre Namen in die farbigen Snowboards ein.

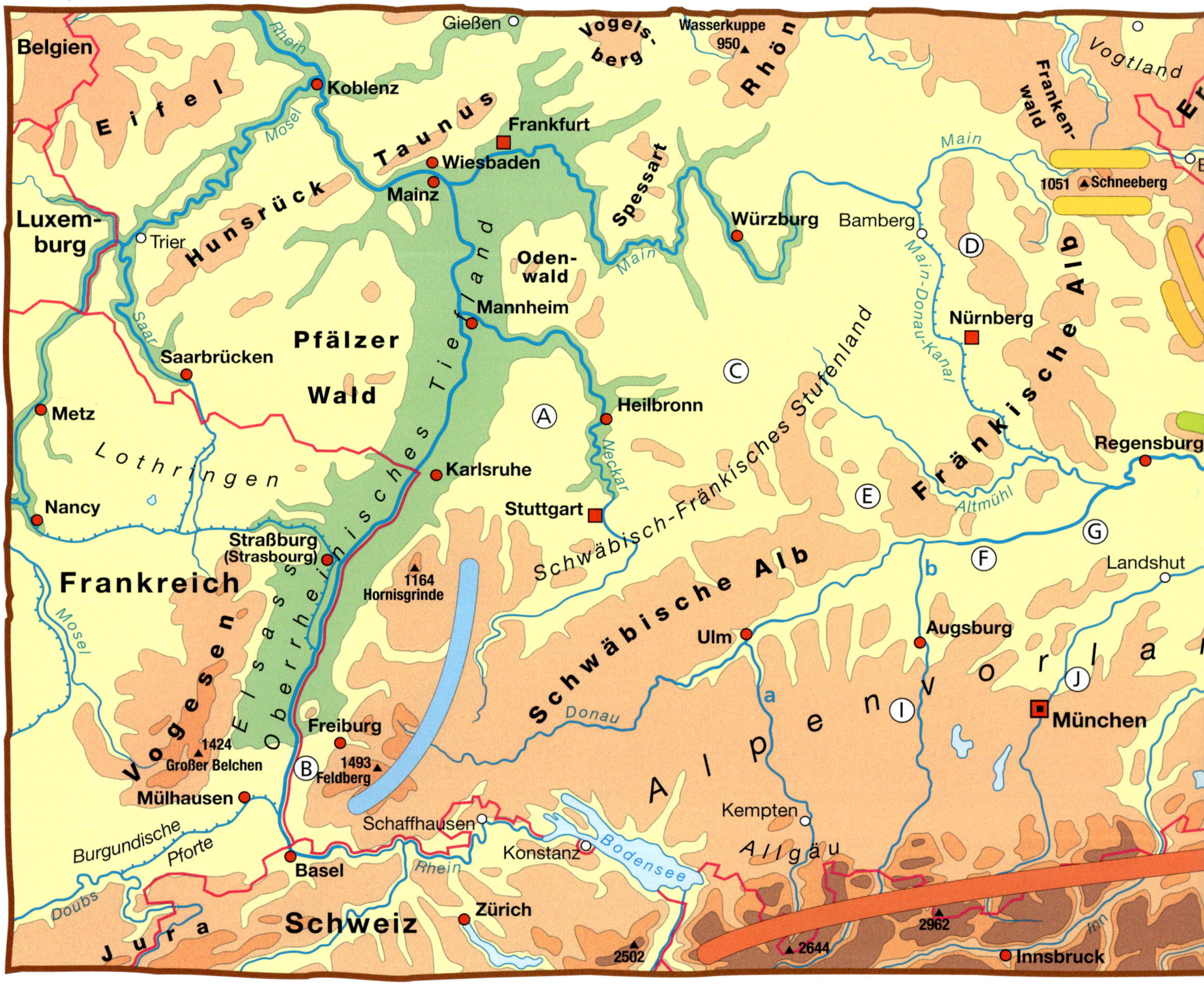

Landschaften
Ⓐ
Ⓑ
Ⓒ
Ⓓ
Ⓔ
Ⓕ
Ⓖ
Ⓗ
Ⓘ
Ⓙ

Flüsse aus den Alpen	
a	c
b	d
	e

Alpenberge (ein Berg liegt in zwei Staaten)		
Name des Berges	Höhe in m	Staat
	▲ 2502	
	▲ 2644	
	▲ 2962	
	▲ 2713	
	▲ 2995	

2. Ordne die richtigen Höhenstufen der Zeichnung zu. Die Kennbuchstaben der Höhenstufen ergeben – bei richtiger Zuordnung – ein treffendes Lösungswort.

3. Ergänze die Angaben bei den Urlaubsgrüßen auf der Postkarte.

HÖCHSTE POSTSTELLE
2962 m ü. M.
D

7364	JB	124
Z _ _ _ _ _ _ _ _		

„Herzliche Urlaubsgrüße von der höchsten Poststation in Deutschland in der Nähe der Stadt G _ _ _ _ _ _ _ _ - P _ _ _ _ _ _ _ _ _ _ _ _ _ _ in den B _ _ _ _ _ _ _ _ _ _ _ _ Alpen!" Euer Toppi

12 Atlasbilderrätsel für Schlaumeier

Zu raten sind:

Ⓐ Landschaft im Nordosten von Schleswig-Holstein

____

Ⓑ Höchster Berg im Harz

____

Ⓔ Große Stadt im Ruhrgebiet

____

Ⓕ Bayerische Kleinstadt am Lech. Hier sieht man Schloss Neuschwanstein.

____

Ⓖ An dieser kleinen Stadt fließt die Elbe vorbei zu ihrer Mündung.

____

Ⓗ Durch diese Stadt fließt die Saale.

____

Ⓛ Dieser Fluss mündet bei Wesel in den Rhein.

____

Ⓝ Stadt im Saarland

____

Ⓞ Dieses Meer grenzt an Deutschland.

____

Ⓠ Diese kleine Stadt liegt zwischen Oldenburg und Osnabrück.

____

Ⓥ 773 m hoch liegt er nördlich von Frankfurt/Main.

____

Ⓩ Mit 2962 m ist er der höchste Berg in Deutschland.

____

Von Flüssen, Inseln und Seen

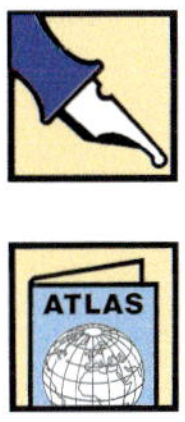

1. Drei farbig-frohe Fluss-Schlangen tragen auf ihrem Schuppenkleid den Fluss, in dem sie gerne schwimmen.
Wie heißen sie? Ergänze ihre vollständigen Namen.

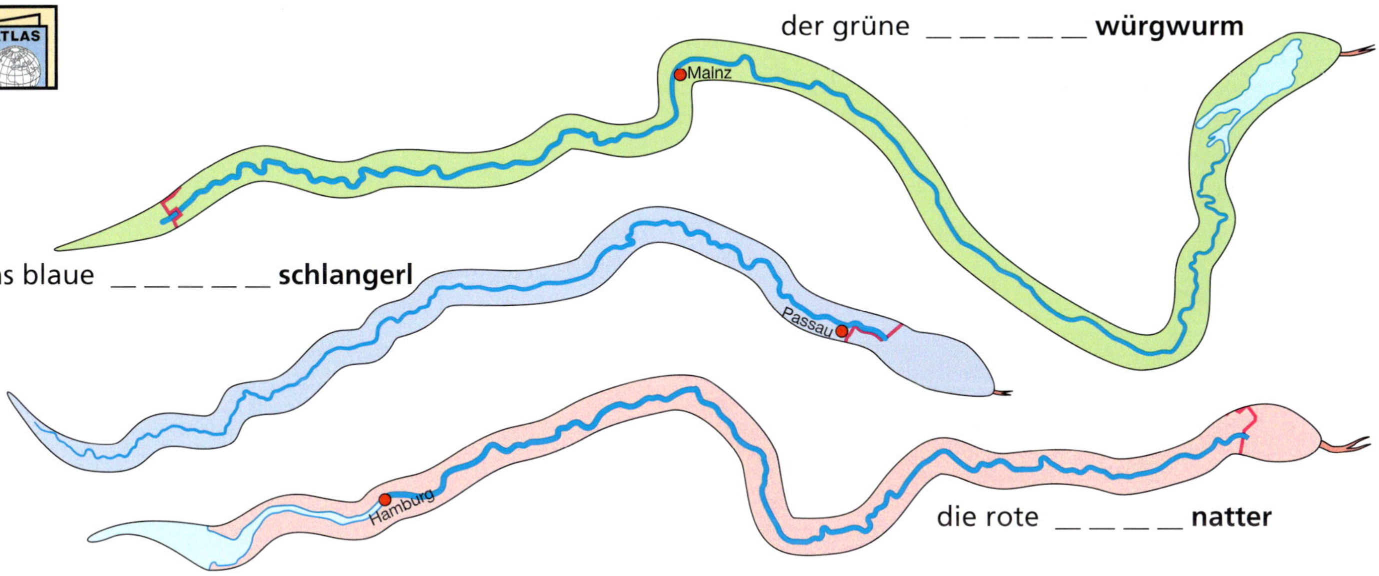

der grüne _ _ _ _ _ **würgwurm**

das blaue _ _ _ _ _ **schlangerl**

die rote _ _ _ _ **natter**

2. Insulensia, die lustige Inselstrandschnecke trägt auf ihrem Schneckenhaus ein Muster mit den **zehn größten Inseln Deutschlands**. Leider sind sie in ihrer Lage etwas durcheinander geraten. Kannst du sie mithilfe der Anfangsbuchstaben trotzdem erkennen?

R _ _ _ _ , U _ _ _ _ _ _ ,

F _ _ _ _ _ _ _ _ , S _ _ _ _ ,

Fö _ _ , N _ _ _ _ _ _ _ _ _ _ _ ,

Po _ _ , B _ _ _ _ _ _ ,

Pe _ _ _ _ _ _ _ ,

No _ _ _ _ _ _ _ _

3. Käpt´n Connys Seemanns-Garn
Das gibt´s doch gar nicht. Hat doch Käpt´n Conny, der so gerne Seemannsgarn strickt, die fünf größten deutschen Seen zum Trocknen an die Leine gehängt. Kannst du ermitteln, welche Seen an der Leine hängen?

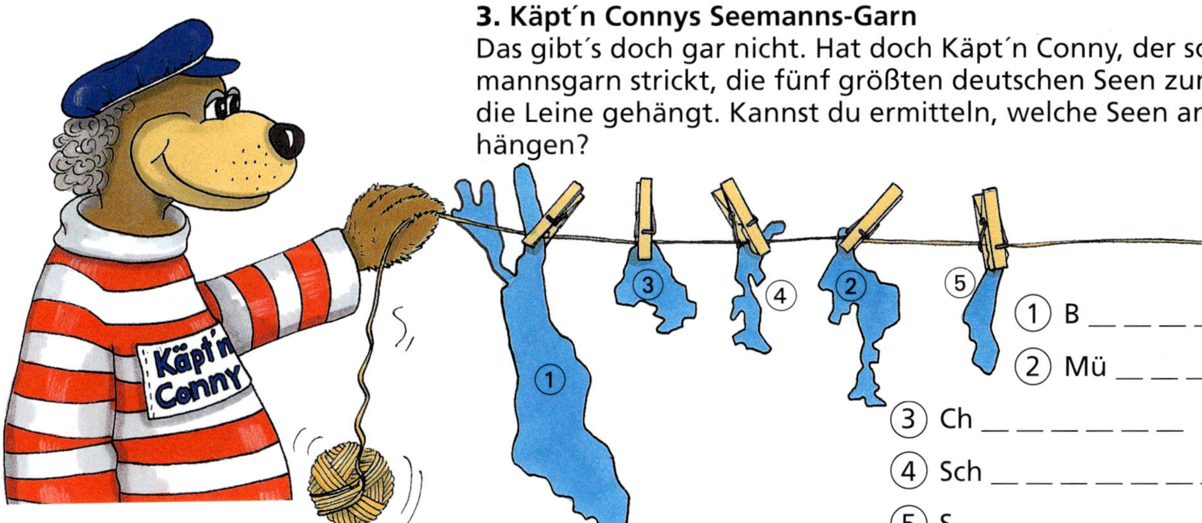

① B _ _ _ _ _ _ _ _

② Mü _ _ _ _

③ Ch _ _ _ _ _ _

④ Sch _ _ _ _ _ _ _ _ _ S _ _

⑤ S _ _ _ _ _ _ _ _ _ _ _ _ _ S _ _

14 16 x Deutschland

Klebe die Bundesländer auf.
Verwende den Ausschneidebogen.

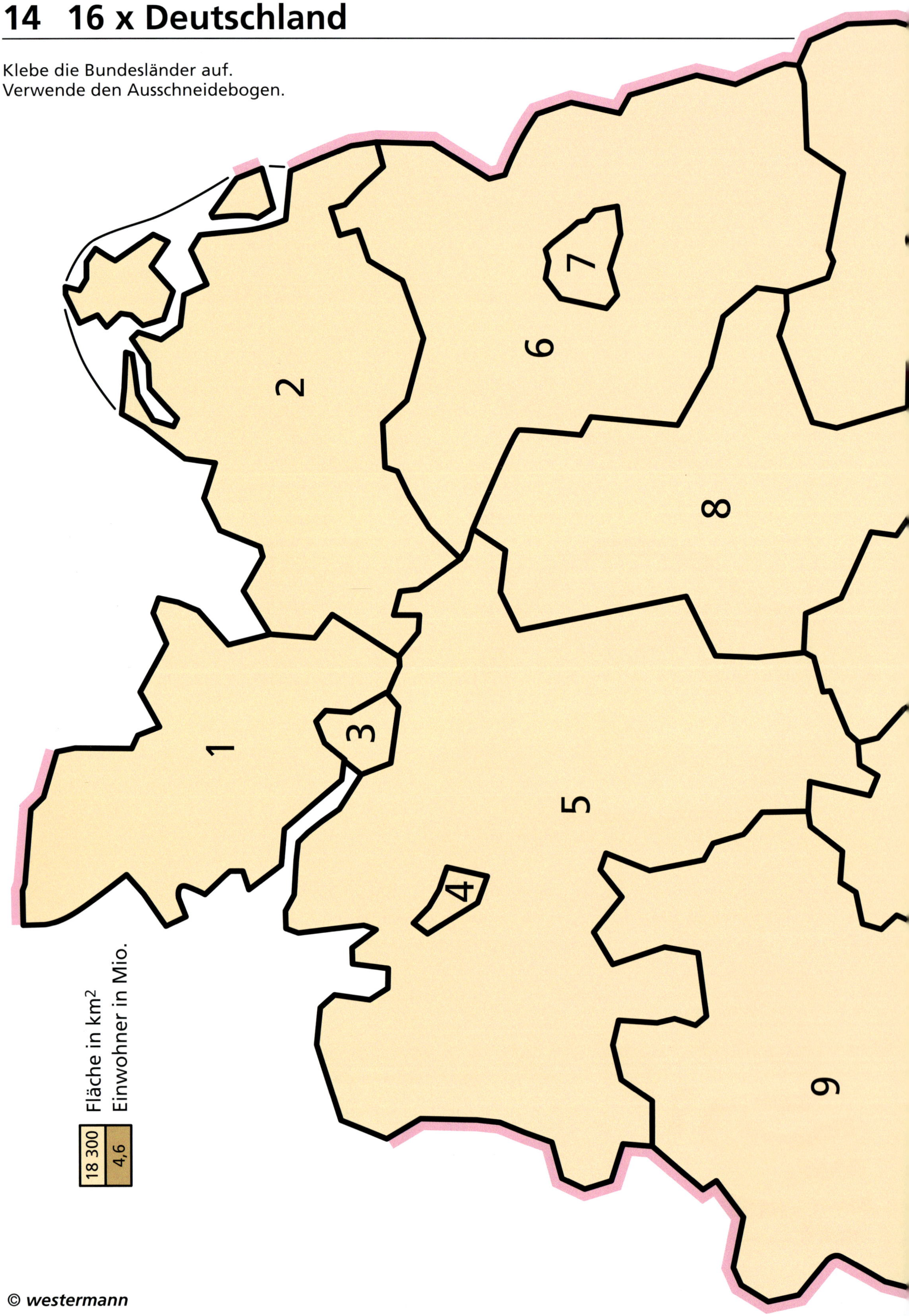

18 300 Fläche in km²
4,6 Einwohner in Mio.

Ausschneidebogen

16 x Deutschland – die Bundesländer

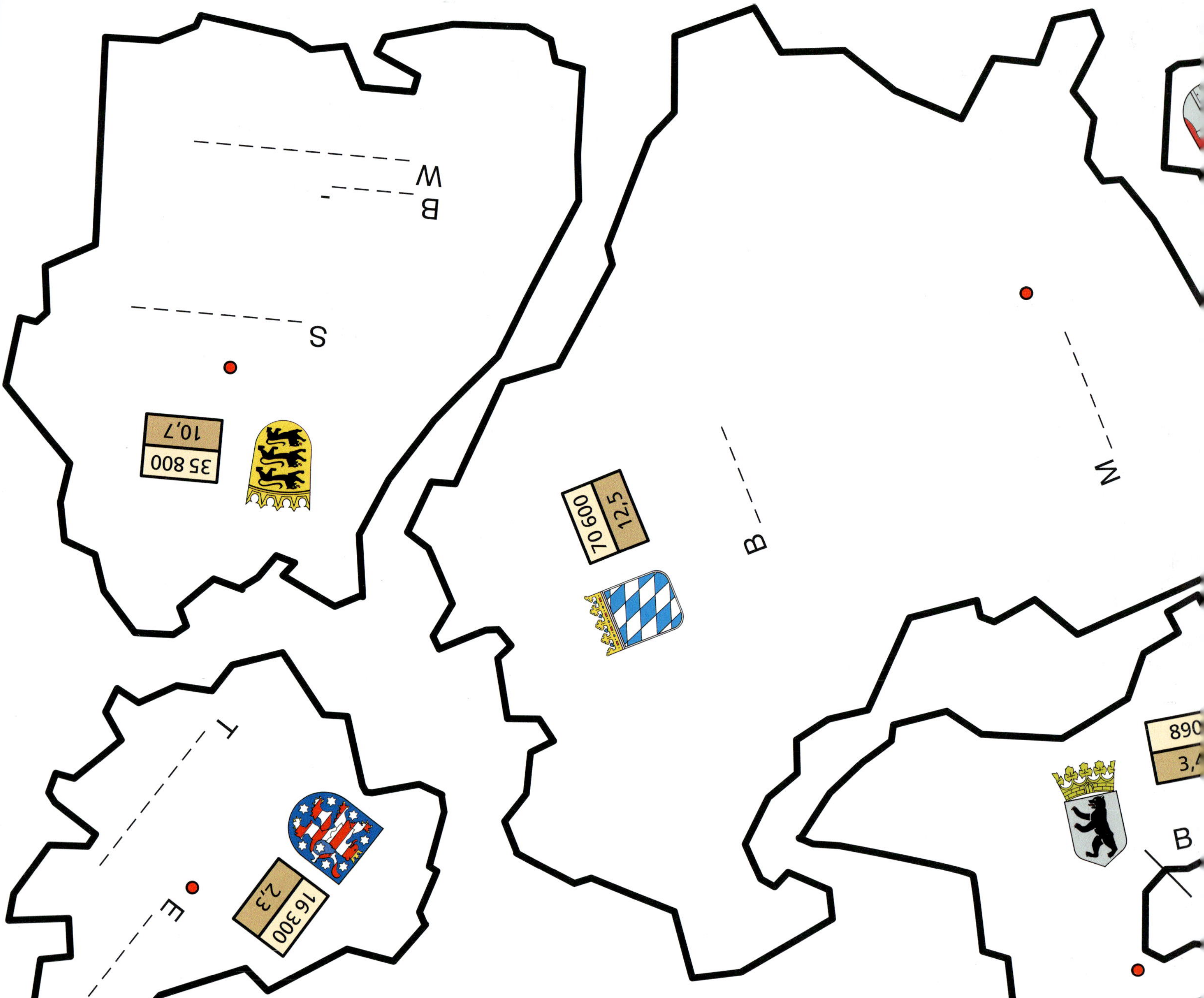

Schneide die einzelnen Bundesländer Deutschlands aus diesem Bastelbogen aus. Achte darauf, dass du die schwarzen Grenzlinien so sorgfältig wie möglich nachschneidest. Klebe dann das ausgeschnittene Bundesland auf seinen richtigen Platz auf den Seiten 14/15. Trage den Namen des Bundeslandes und seiner Landeshauptstadt ein. Male die 16 Bundesländer mit verschiedenen Farben aus.

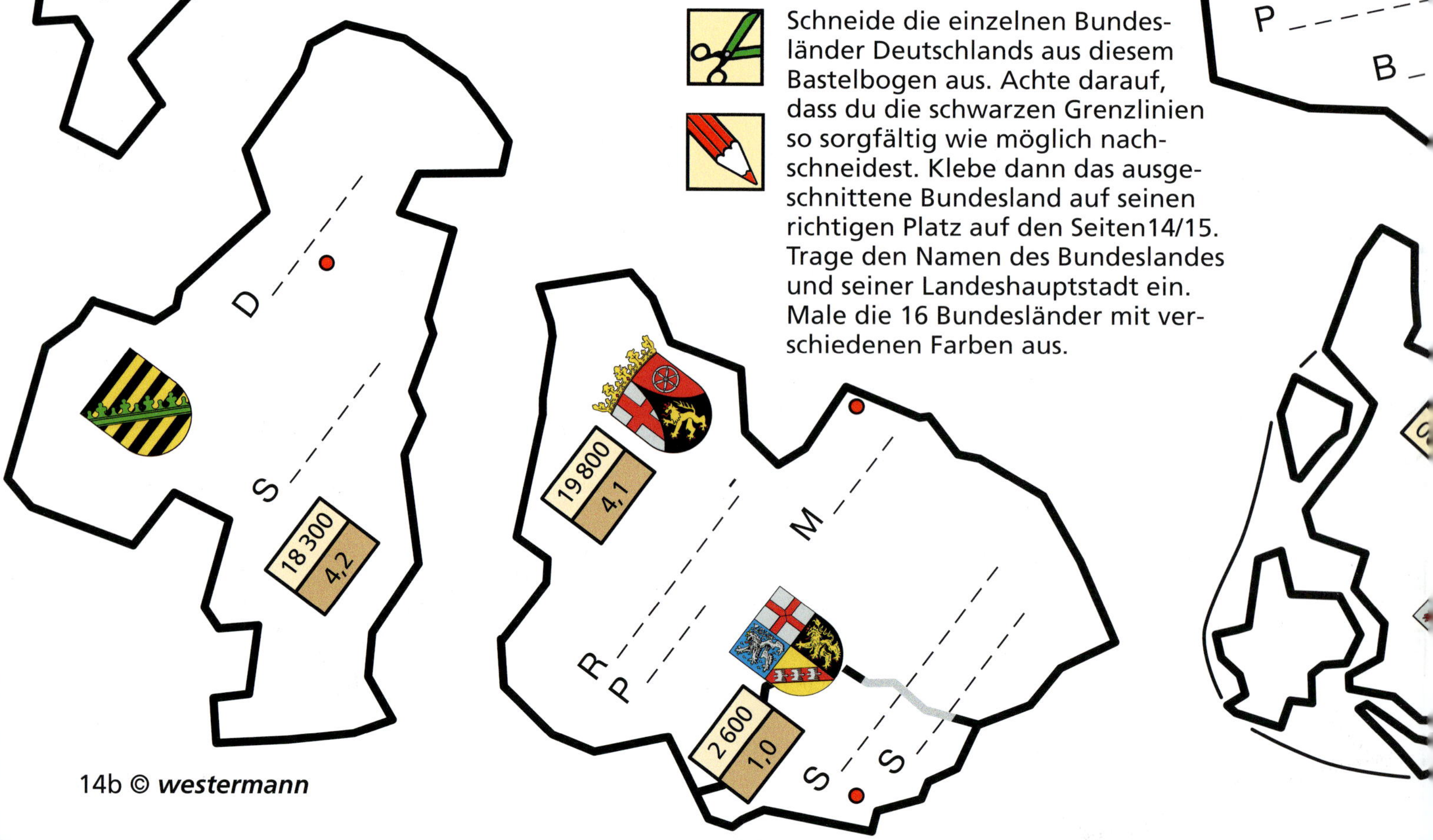

760
1,8
H
H
S
K
15 700
2,8
N
B
400
0,7
H
47 400
8,0
M
S
A
20 400
2,2
29 100
2,5
21 100
6,1
H
W
D
W
N
34 100
18,0
S
V
M

Ausschneidebogen

16 x Deutschland – die Bundesländer

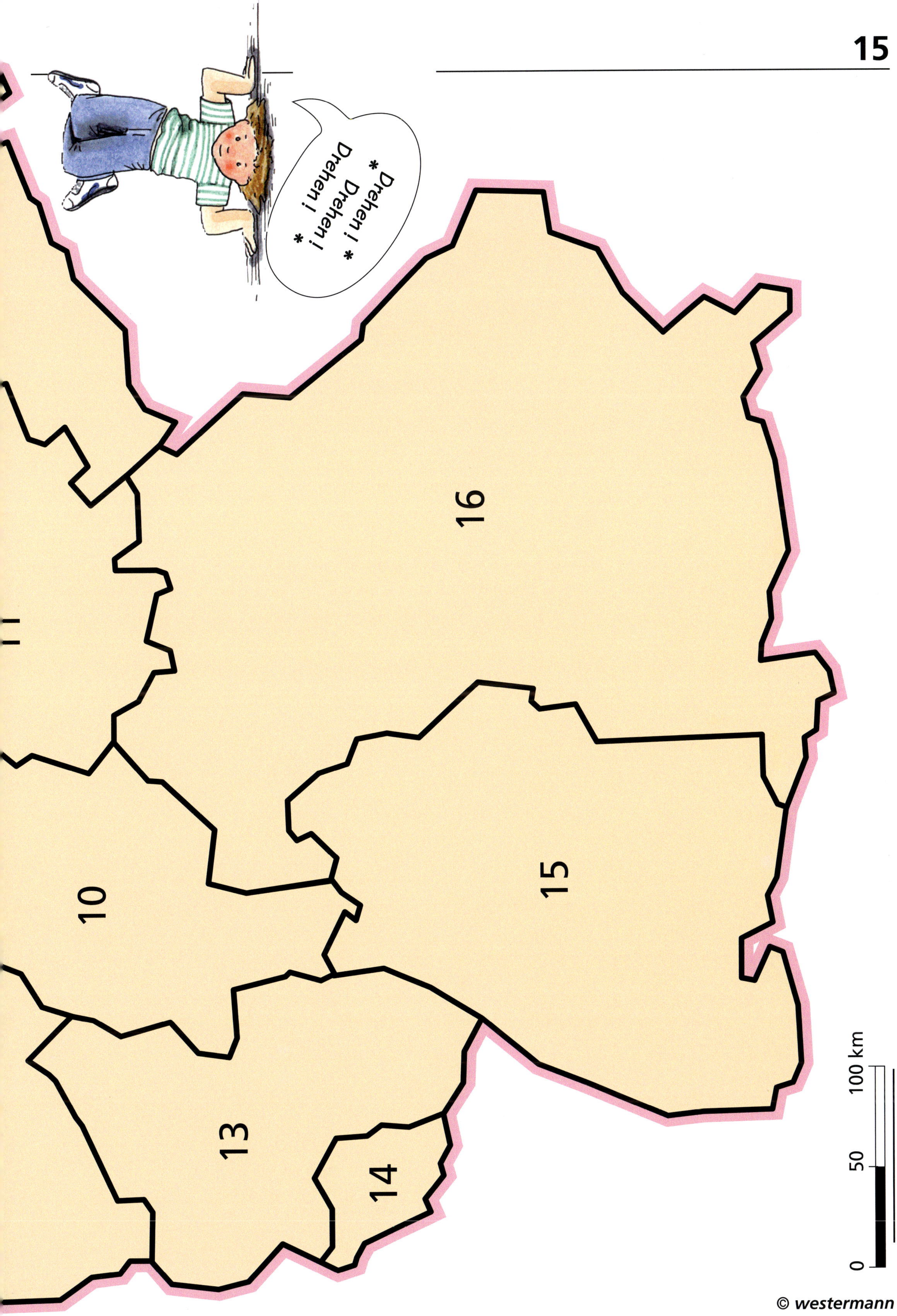
* Drehen ! Drehen ! *
16
15
10
13
14
0
50
100 km

16 Kartenskizze Deutschland . . .

Willst du einen Überblick über einen großen Raum wie das Land Deutschland gewinnen, dann kann dir eine topographische Skizze sehr gut helfen. In ihr sind nur die groben Umrisse und die wichtigsten Merkmale eines Raumes einzutragen: einige Gebirge, die längsten Flüsse, große oder bekannte Städte usw. In der unten stehenden Karte findest du alle topographischen Vorgaben, die du nun in eine eigene Skizze umsetzen sollst.

Zeichne zuerst den Umriss von Deutschland. Dabei helfen dir die geometrischen Begrenzungslinien. Zeichne dann die vorgegebenen Gebirge, Städte und Flüsse von Deutschland ein.

Erstelle danach zu deiner topographischen Skizze eine Namensliste. Dazu kannst du in der Karte z.B. alle Städte nummerieren sowie Gebirge und Flüsse mit Buchstaben markieren.

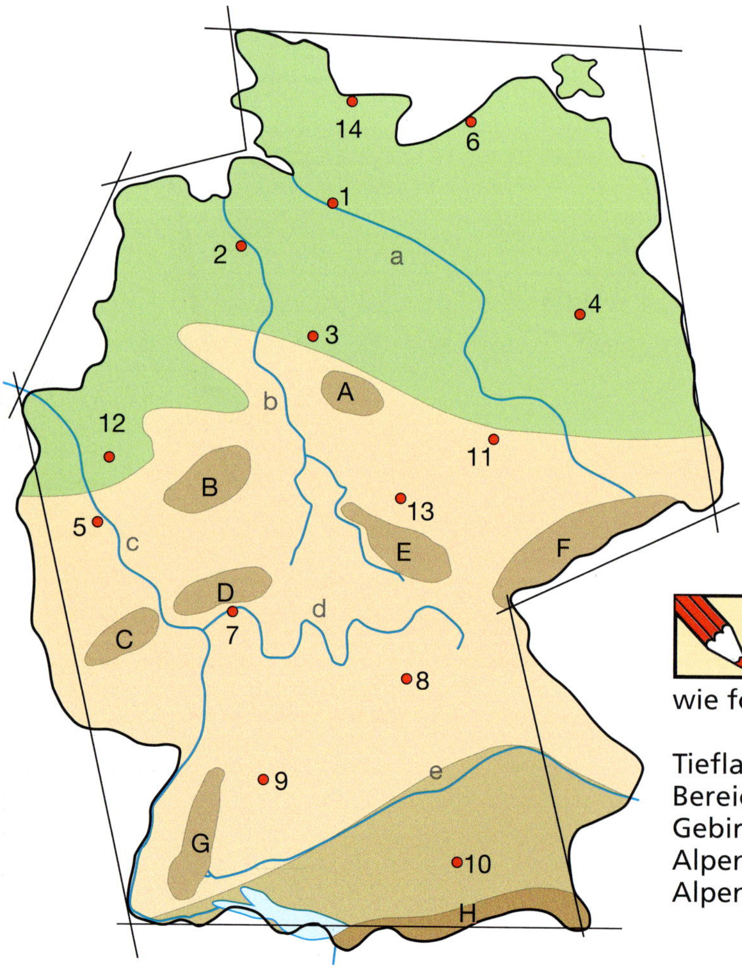

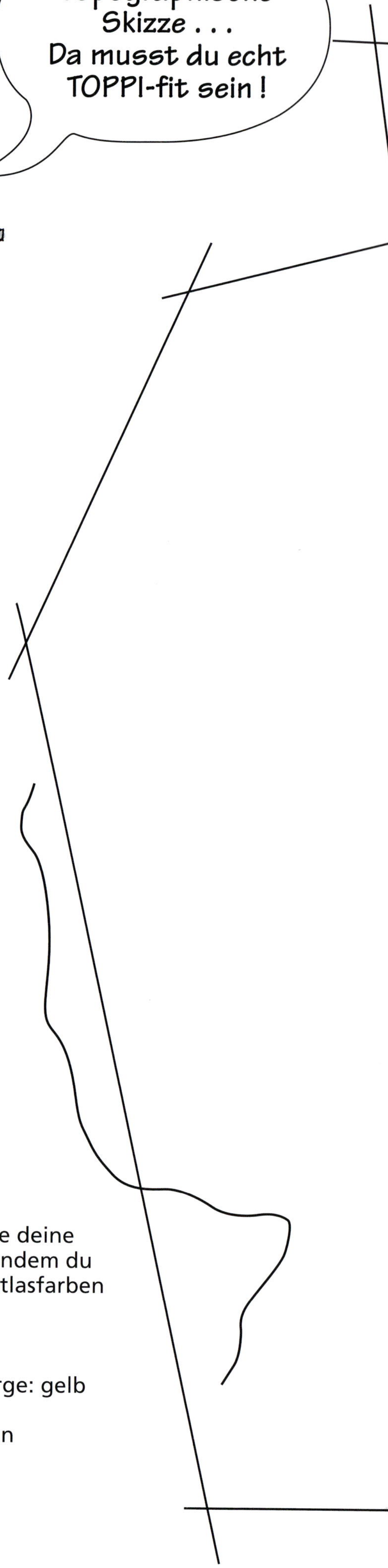

Vervollständige deine Kartenskizze, indem du sie nach den Atlasfarben wie folgt ausmalst:

Tiefland: grün
Bereich der Mittelgebirge: gelb
Gebirgsflächen: braun
Alpenvorland: hellbraun
Alpen: dunkelbraun

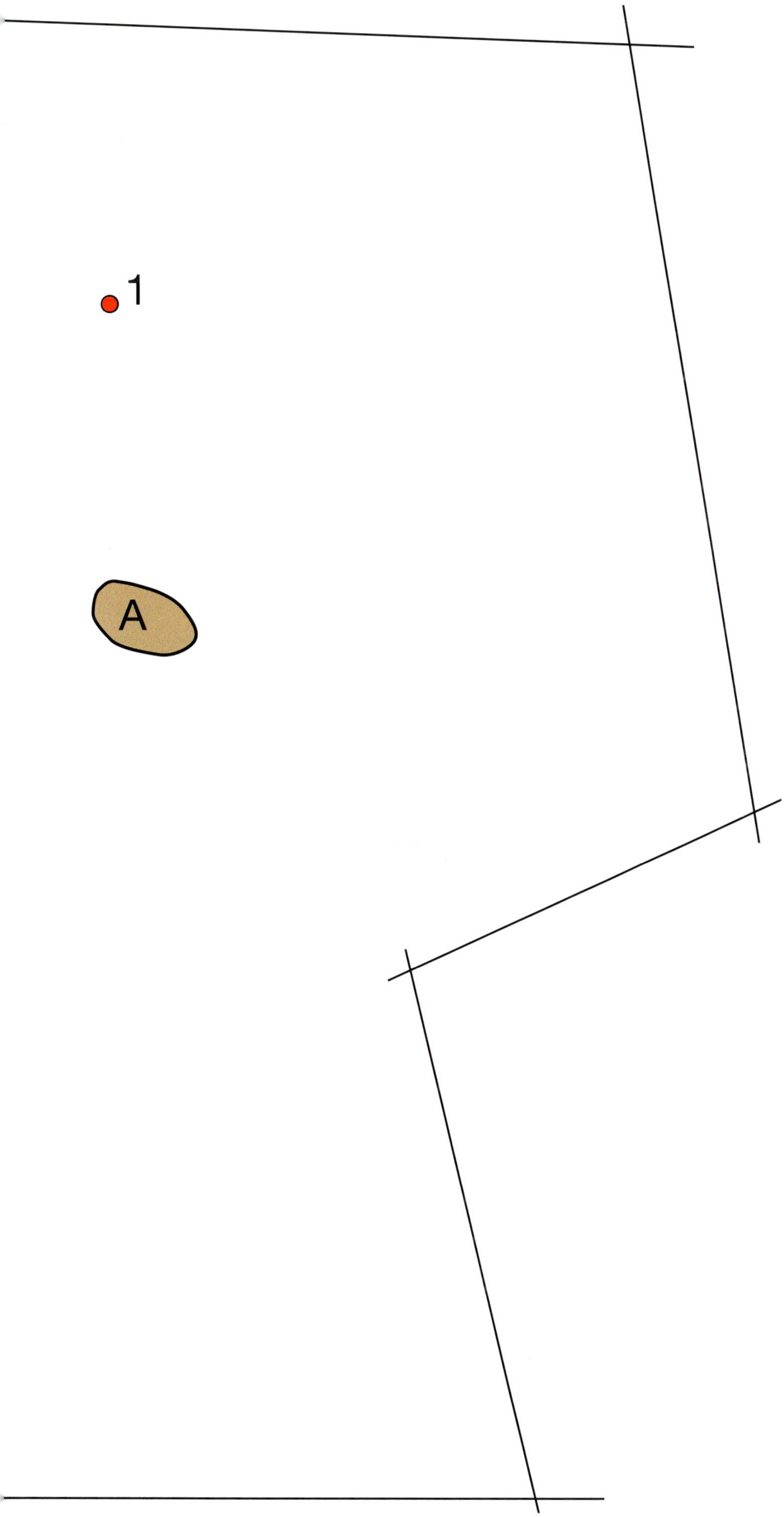

Städte	
1	Hamburg
2	
3	
4	
5	
6	
7	
8	
9	
10	
11	
12	
13	
14	

Flüsse	
a	
b	
c	
d	
e	

Gebirge	
A	Harz
B	
C	
D	
E	
F	
G	
H	

18 Zirkus Toppi auf Deutschlandtournee

Clown Fridolin schaut etwas traurig und müde drein, denn die Zirkustournee durch Deutschland nimmt einfach kein Ende. Schon wieder zieht der Zirkus in eine neue Stadt und oft auch in ein neues Bundesland um.

1. Bestimme mithilfe der Anfangsbuchstaben an den Ortspunkten alle 34 Gastspielstädte der Zirkustournee und ordne jeder Stadt das jeweilige Bundesland zu.

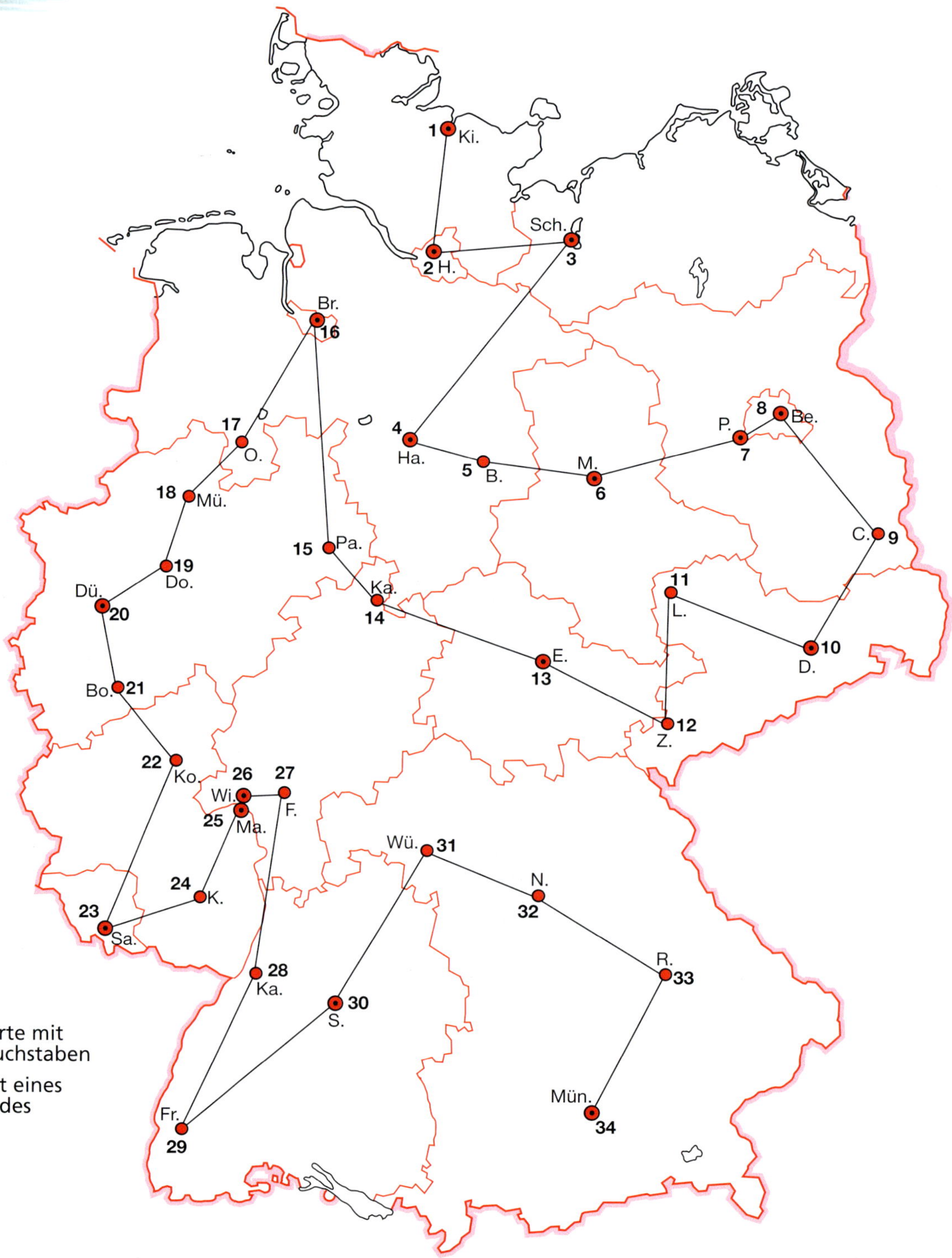

1 — 34 Gastspielorte mit Anfangsbuchstaben

Hauptstadt eines Bundeslandes

Gastspielstadt / Bundesland		Gastspielstadt / Bundesland	
1 Ki.		18 Mü.	
2 H.		19 Do.	
3 Sch.		20 Dü.	
4 Ha.		21 Bo.	
5 B.		22 Ko.	
6 M.		23 Sa.	
7 P.		24 K.	
8 Be.		25 Ma.	
9 C.		26 Wi.	
10 D.		27 F.	
11 L.		28 Ka.	
12 Z.		29 Fr.	
13 E.		30 S.	
14 Ka.		31 Wü.	
15 P.		32 N.	
16 Br.		33 R.	
17 O.		34 Mün.	

2. Manchmal bleibt Zirkus Toppi lange an einem Gastspielort, wie zum Beispiel in den folgenden zwölf Städten:
Hamdam – Potsburg – Stuttlautern – Kaisersgart – Schwemund – Dortrin – Saarruhe – Karlsbrücken – Mündorf – Düsselchen – Cottborn – Paderbus
Wie heißen die Städte richtig? Schreibe die Namen in das rote Feld:

3. Male die Bundesländer Deutschlands mit jeweils einer anderen Farbe an.

20 Fußballstädte in Deutschland

Verein	Kenn-buchstabe	Fußballstadt	In welchem Bundesland liegt diese Stadt?	Kenn-ziffer
1. FC Kaiserslautern	A	Kaiserslautern	Rheinland-Pfalz	13
SV Werder Bremen	B			
Dresdner SC	C			
Eintracht Frankfurt	D			
Hamburger SV	E			
1. FC Köln	F			
FC Bayern München	G			
FC Hansa Rostock	H			
VFB Stuttgart	I			
Energie Cottbus	J			
Rot-Weiß Erfurt	K			
Hannover 96	L			
1. FC Saarbrücken	M			
Holstein Kiel	N			
FC Magdeburg	O			
Hertha BSC Berlin	P			

1. Zeichne die Grenzen der Bundesländer als feine Linie mit roter Farbe nach. Färbe alle Gewässer in der Karte blau.

2. Schreibe zu allen Fußballstädten den jeweiligen Kennbuchstaben in den dazugehörenden Fußball.

3. Fülle die Fußballtabelle aus.

1–16	Bundesländer
◌	Fußballstadt

Berlin – Hauptstadt von Deutschland

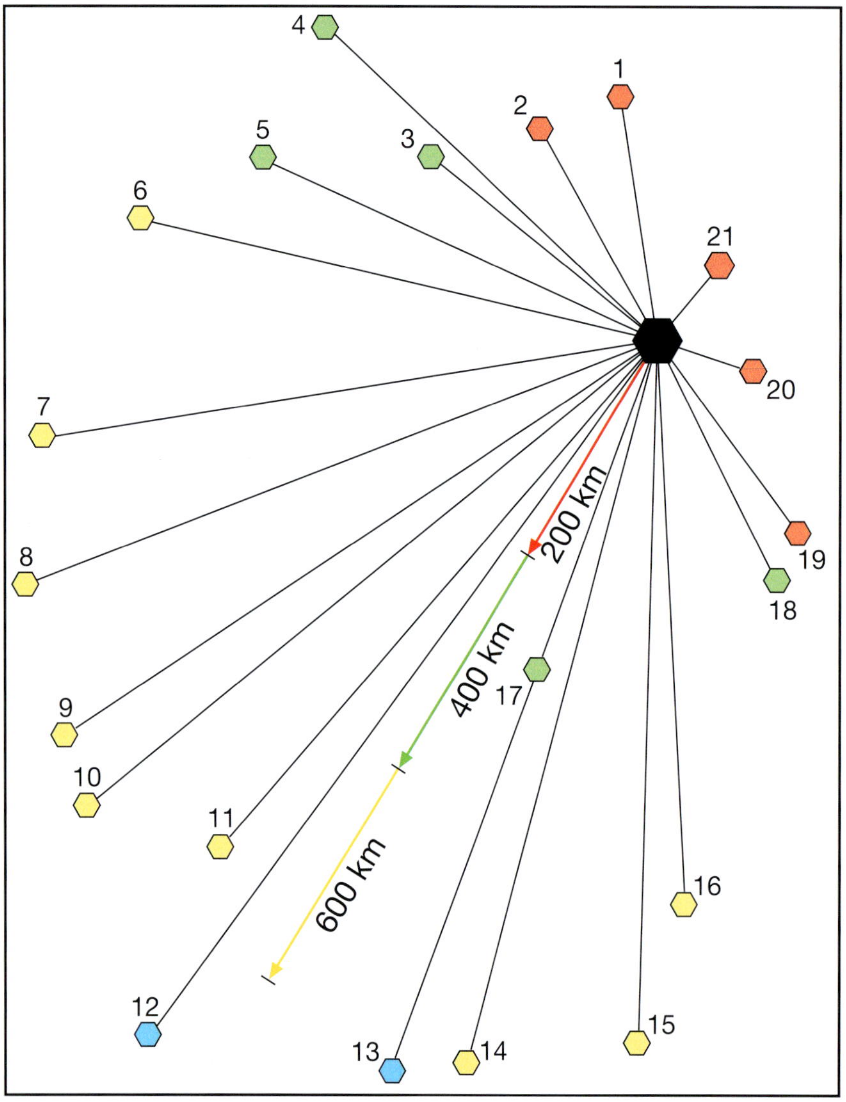

BERLIN 21 – Ein Lagerätsel

1. Verbinde die Ortspunkte (Städte) 1-21 miteinander. Die Verbindungslinie ergibt ungefähr die Form von

_ _ _ _ _ _ _ _ _ _ _ _ _.

2. Alle 21 Städte sind nach ihrer Entfernung von Berlin mit unterschiedlichen Farben (rot, grün, gelb und blau) markiert. Finde mithilfe der Entfernungsleiste und dem Atlas die Namen der Städte heraus und trage sie in der Tabelle ein.

3. Male in der Tabelle alle Schreibfelder zu den Städten 1-21 nach ihrer Entfernung von Berlin aus mit der jeweiligen Farbe an (siehe Beispiele 1, 6, 13).

Lage Ortspunkt	Ortsname	Entfernung (in km)
1	St. *Stralsund*	200
2	Ro.	190
3	Lü.	230
4	Fl.	360
5	Cu.	340
6	Em.	420
7	Emm.	485

8	Aa.	550
9	Tr.	570
10	Sa.	575
11	Ka.	520
12	Fr.	670
13	Ob.	620
14	Ga. – Pa.	590

15	Bad R.	530
16	Pa.	430
17	Ho.	250
18	Zi.	210
19	Gö.	190
20	Fr.	90
21	Sch.	90

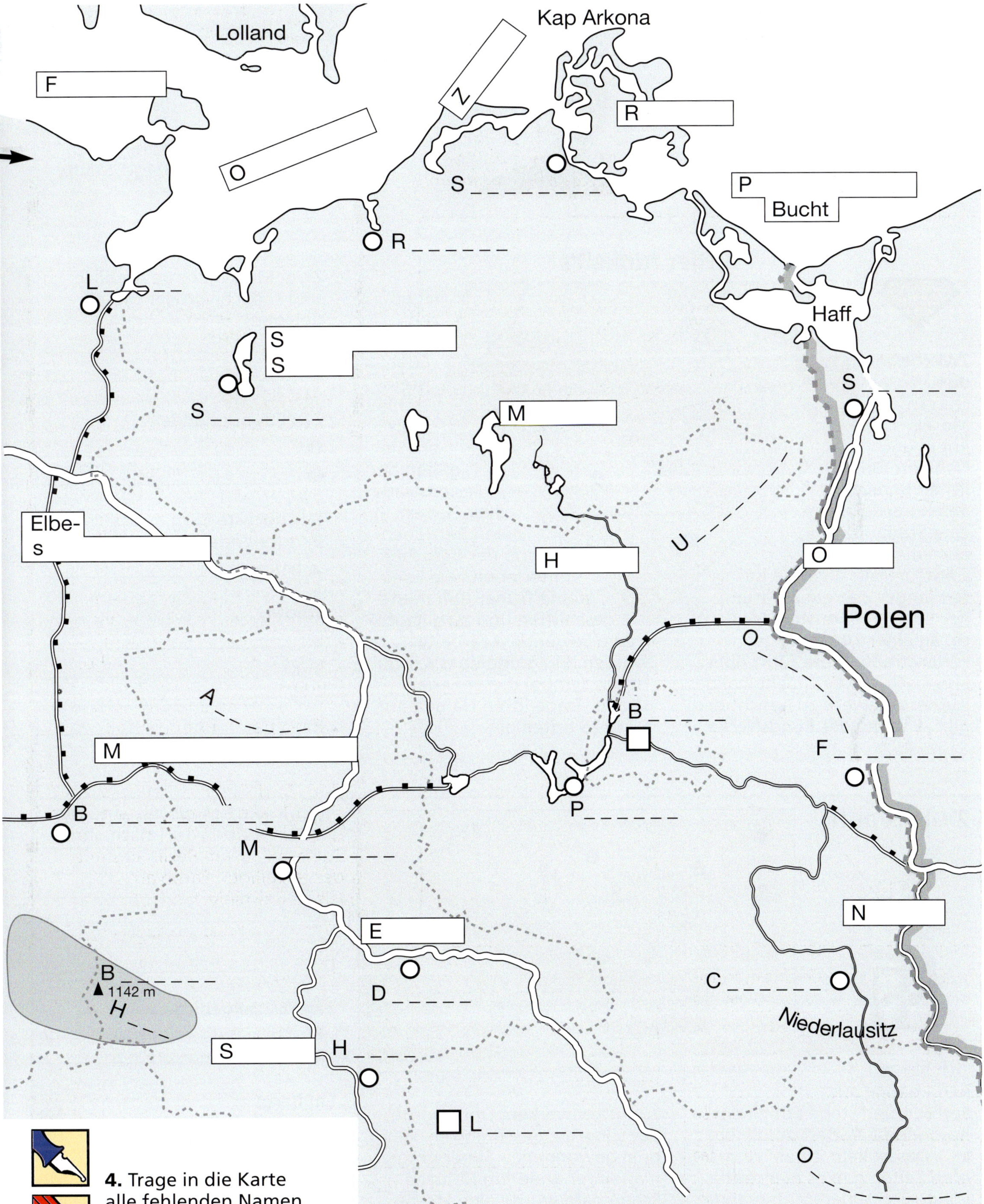

4. Trage in die Karte alle fehlenden Namen ein und male die Grenzen, Städte, Gewässer, Gebirge und das Tiefland nach den Farben im Atlas weiter aus.

Schriftfelder für	2 Inseln,1 Halbinsel, 1 Meer, 1 Meeresbucht, 5 Flüsse, 2 Kanäle, 2 Seen
□ ○ H _ _ _ _	14 Städte
A _ _ _ _ _ _	4 Landschaften, 1 Gebirge, 1 Berg

24 Von Funkelsteinen und Silberlingen …

Mehr als 150 Ferienstraßen ziehen sich durch die schönsten deutschen Landschaften. Sie erklären uns Landwirtschaft, Bergbau und Handel früher und heute, zeigen Bau- und Handwerkskunst, erzählen Sagen und führen uns in eine zauberhafte Märchenwelt.

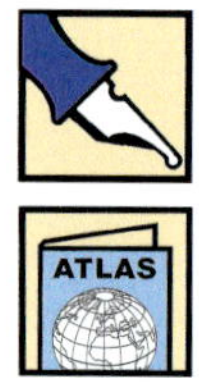

1. Betrachte die Karten zu den vier Ferienstraßen. Ergänze die gesuchten Namen der Bundesländer, Landschaften, Mittelgebirge, Berge, Städte und Flüsse.

1 Hier funkelt's

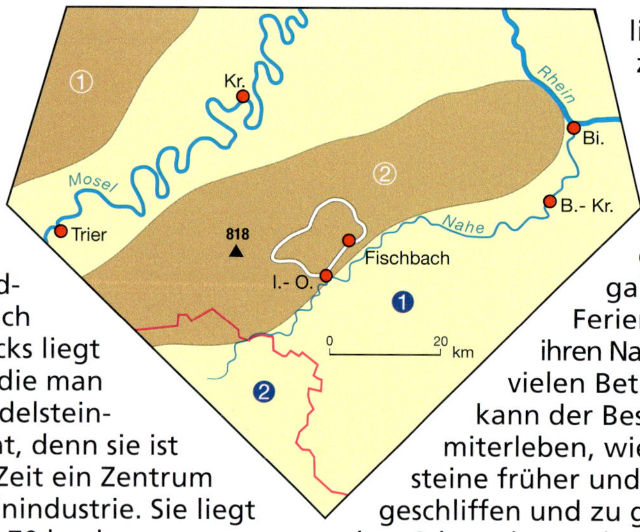

Zwischen den Flüssen Mosel, Rhein und Nahe im südlichen Bereich des Hunsrücks liegt eine Stadt, die man auch die „Edelsteinstadt" nennt, denn sie ist seit langer Zeit ein Zentrum der Edelsteinindustrie. Sie liegt ca. an einer 70 km langen Ferienstraße. Diese führt über Fischbach, wo es ein ehemaliges Kupferbergwerk zu besichtigen gibt. Entlang der Rundstrecke liegen zahlreiche Edelsteinschleifereien. Sie gaben der Ferienstraße ihren Namen. In vielen Betrieben kann der Besucher miterleben, wie Edelsteine früher und heute geschliffen und zu glitzerndem Schmuck verarbeitet werden. Ein goldgelbes Kristall ist das Symbol dieser Ferienstraße. Trage ihren Namen auf Seite 25 unten ein.

Zwei Mittelgebirge nördlich und südlich von der Mosel gelegen:

① ____________________

② ____________________

Zwei Bundesländer:

❶ ____________________

❷ ____________________

Der höchste Berg dieses Bundeslandes:

▲ 818 m ____________________

Städte:

Bi. ____________________

B.-Kr. ____________________

I.-O. ____________________

Kr. ____________________

2 Glück auf!

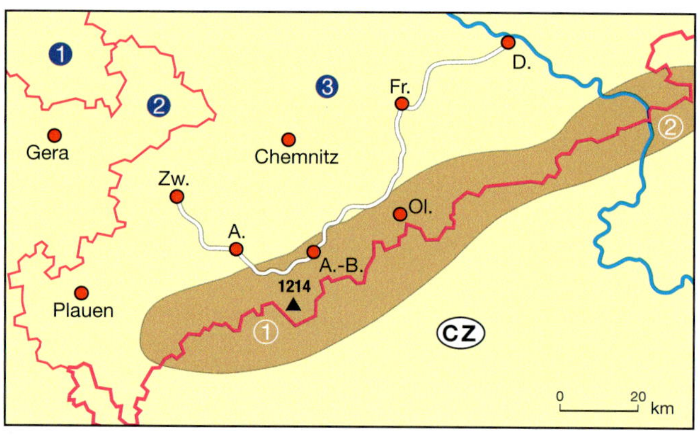

„Ich bin ein Bergknappe aus Sachsen und stehe auf einem besonderen Podest mit einem „S". Das ist kein Zufall". In früheren Zeiten gab es hier reiche Funde von Silbererz. Tausende von Bergknappen förderten das Silbergestein zutage. Schwer beladene Fuhrwerke transportierten es von den Bergwerken zu Hüttenwerken. Dort wurde das Silbererz geschmolzen. Aus dem gewonnenen Silber prägte man unter anderem Münzen. Schon bald wurde eine Straße nach dem Namen des Metalls benannt. Schreibe ihn auf Seite 25 unten auf die passende gestrichelte Linie.

Städte entlang der Ferienstraße:

Zw. ____________________

A. ____________________

A.-B. ____________________

Ol. ____________________

Fr. ____________________

D. ____________________

Zwei Mittelgebirge:

① ____________________

② ____________________

Ein Berg:

▲ 1214 m ____________________

Ein Nachbarstaat und drei Bundesländer:

CZ ____________________

❶ ____________________

❷ ____________________

❸ ____________________

3 Saftige Äpfel

„Moin, Moin, liebe Kinners! Ich bin Cox, der Saftapfel aus Buxtehude. Ich will ja nicht angeben, aber wisst ihr, dass bei mir zu Hause gleich hinterm Deich und nahe der Elbe die meisten Äpfel in ganz Europa geerntet werden?“ Kein Wunder, denn zwischen Hamburg und der Nordsee stehen Millionen Apfelbäume. Im Mai ist die Zeit der Apfelblüte. Dann kommen Tausende von Ausflüglern. Die Ausflugroute entlang der Obstbäume wird immer beliebter. Du sollst nun für die Straße durch die Obstmarschen bis nach Otterndorf einen Namen finden. Trage ihn unten ein.

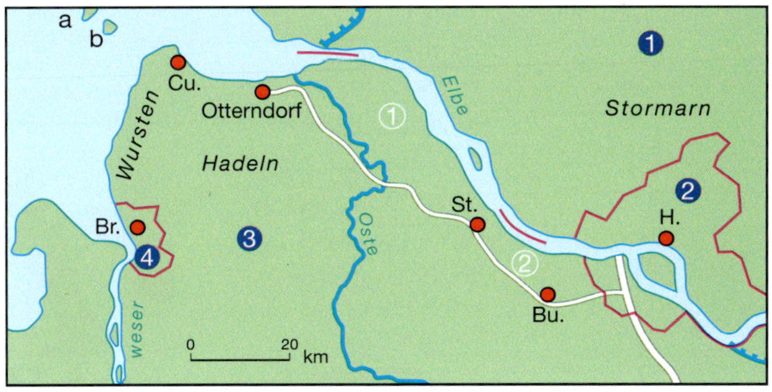

Landschaften an der Elbe:

① ______________________

② ______________________

Städte entlang der Ausflugsroute:

Bu. ______________________

St. ______________________

Weitere Städte in der Karte:

H. ______________________

Cu. ______________________

Br. ______________________

Zwei Inseln in der Helgoländer Bucht:

a Sch. ______________________

b N. ______________________

Vier Bundesländer (davon zwei Stadtstaaten):

❶ ______________________

❷ ______________________

❸ ______________________

❹ ______________________

4 Puh, Piff, Paff

„Ich bin Drago, der Odenwalddrache. Doch keine Angst, ich bin nicht so angriffslustig wie mein Vetter, der hier vor vielen hundert Jahren hauste“. So erzählt jedenfalls die Nibelungensage. Die Nibelungen lebten in Worms und hatten ihre Jagdgründe im Odenwald. Einer von ihnen war Siegfried, der einen bösen Drachen mit seinem Schwert tötete. Später hat hier der grimmige Ritter Hagen von Tronje den Speer geschleudert, der Siegfried tödlich traf. Heute erinnern viele Dinge in der Landschaft an die Sage.
Wie heißt wohl diese 300 km lange Ferienstraße?
Schreibe ihren Namen auf die gestrichelten Buchstabenfelder in der Aufgabe unten.

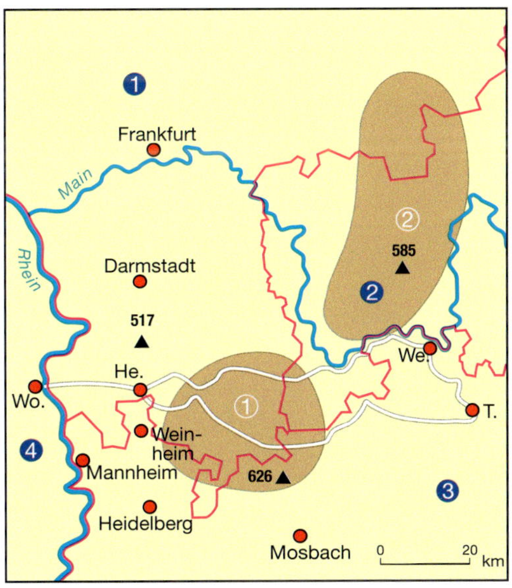

Städte entlang der Ferienstraße

Wo. ______________________

He. ______________________

T. ______________________

We. ______________________

Zwei Mittelgebirge

① ______________________

② ______________________

Vier Bundesländer

❶ ______________________

❷ ______________________

❸ ______________________

❹ ______________________

Drei Berge

▲ 517 m ______________________

▲ 626 m ______________________

▲ 585 m ______________________

2. Schreibe die Namen der vier Ferienstraßen hier auf:

1 E _ _ _ _ _ _ _ _ _ straße

2 Sächsische S _ _ _ _ _ straße

3 A _ _ _ _ route im A _ _ _ _ Land

4 N _ _ _ _ _ _ _ _ _ _ - und Siegfriedstraße

Deutschland-Pinnbrett

Name des Staates

Hauptstadt

Staatsfläche in km²

Millionen

Einwohner

Kfz-Kennzeichen

Erstelle mithilfe eines Lexikons und/oder des Internets den Steckbrief von Toppi und ergänze ihn mit weiteren Infos zu Deutschland. (Lege ein Extrablatt an!)
Internet: www.deutschland.de

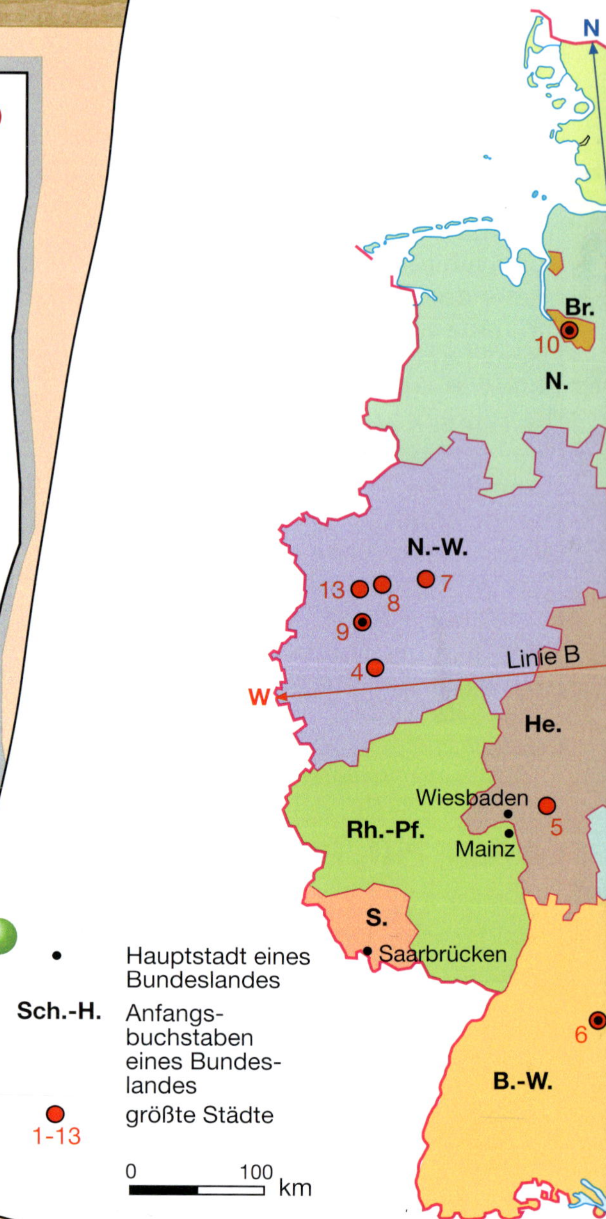

Vervollständige die Städtetabelle.

Die 13 größten Städte

	Einwohner	Name der Stadt
1	3 395 000	B _ _ _ _ _
2	1 744 000	H _ _ _ _ _ _ _
3	1 260 000	M _ _ _ _ _ _ _
4	983 000	K _ _ _
5	652 000	F _ _ _ _ _ _ _ _ _ _ /Main
6	593 000	S _ _ _ _ _ _ _ _ _
7	588 000	D _ _ t _ _ _ _
8	585 000	E _ _ e _
9	575 000	D _ s _ _ _ _ _ _ _
10	547 000	B _ _ _ _ _
11	516 000	H _ n _ _ _ _ _
12	503 000	L _ _ p _ _ _
13	502 000	D _ _ s b _ _ _

Landeswappen

ATLAS

Mein Bundesland

Ergänze die Angaben und male das Wappen zu deinem Bundesland.

Mein Bundesland heißt __________

Die Landeshauptstadt ist __________

Die Fläche beträgt __________

Die Einwohnerzahl ist __________

Die größte Stadt ist __________